Discovery Education 探索·科学百科（中阶）

2级B1 昆虫军团

全国优秀出版社
全国百佳图书出版单位

广东教育出版社 学乐

U0712542

中国少年儿童科学普及阅读文库

探索·科学百科™ 中阶

昆虫军团

TANSUO
KEXUEBAIKE
★★★★★
2级B1
探索·科学百科

[澳]莱斯利·迈法德恩⊙著

宋蕴薇(学乐·译言)⊙译

Discovery
EDUCATION™

全国优秀出版社
全国百佳图书出版单位

广东教育出版社

广东省版权局著作权合同登记号
图字：19-2011-097号

本书原由 Weldon Owen Pty Ltd 以书名*DISCOVERY EDUCATION SERIES · Insect Armies*

（ISBN 978-1-74252-174-9）出版，经由北京学乐图书有限公司取得中文简体字版权，授权广东教育出版社仅在中国内地出版发行。

图书在版编目（CIP）数据

Discovery Education探索·科学百科. 中阶. 2级. B1，昆虫军团/ [澳]莱斯利·迈法德恩著；宋蕴薇（学乐·译言）译. — 广州：广东教育出版社，2014.1

（中国少年儿童科学普及阅读文库）

ISBN 978-7-5406-9315-2

Ⅰ.①D… Ⅱ.①莱… ②宋… Ⅲ.①科学知识—科普读物 ②昆虫—少儿读物 Ⅳ.①Z228.1 ②Q96-49

中国版本图书馆 CIP 数据核字(2012)第153064号

Discovery Education探索·科学百科（中阶）
2级B1 昆虫军团

著 [澳]莱斯利·迈法德恩　　译 宋蕴薇（学乐·译言）

责任编辑 张宏宇　李　玲　丘雪莹　　**助理编辑** 李颖秋　于银丽　　**装帧设计** 李开福　袁　尹

出版 广东教育出版社

　　　地址：广州市环市东路472号12-15楼　邮编：510075　网址：http://www.gjs.cn

经销 广东新华发行集团股份有限公司　　　　　**印刷** 北京顺诚彩色印刷有限公司

开本 170毫米×220毫米　16开　　　　　　　　**印张** 2　　**字数** 25.5千字

版次 2016年5月第1版　第2次印刷　　　　　　**装别** 平装

　　　　　　　ISBN 978-7-5406-9315-2　　**定价** 8.00元

内容及质量服务 广东教育出版社 北京综合出版中心

　　　　电话 010-68910906 68910806　　网址 http://www.scholarjoy.com

质量监督电话 010-68910906 020-87613102　　**购书咨询电话** 020-87621848 010-68910906

目录 Contents

什么是昆虫……6

甲虫……8

蚊蝇……10

蜜蜂和黄蜂……12

蝴蝶与蛾……14

蝽和其他昆虫……16

水生昆虫……18

生命周期……20

超级感官……22

四处活动……24

攻击与防御……26

由你决定……28

互动

昆虫档案……30

知识拓展……31

什么是昆虫

昆虫具有外骨骼。也就是说，它们的骨骼是位于身体外部的，而不像我们位于体内。昆虫的身体可以分为三部分：头部、胸部和腹部。头部具有眼睛、口器、大脑和两根触角。翅膀和三对足附于胸部。腹部包含有内脏。

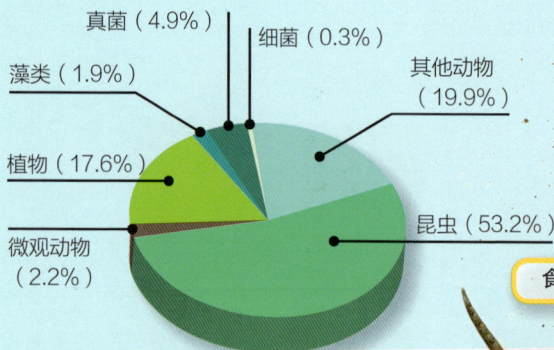

蝴蝶

真菌（4.9%）
细菌（0.3%）
藻类（1.9%）
其他动物（19.9%）
植物（17.6%）
微观动物（2.2%）
昆虫（53.2%）

最多的动物

地球上的生物有一半以上是昆虫。科学家们已经发现和命名了超过一百万种昆虫，但是还有数百万种昆虫仍未被命名。

食蚜蝇

它们是昆虫吗？

蜘蛛、蝎子、千足虫和蜈蚣像昆虫一样，都具有外骨骼。但是它们的足多于6只，身体也不是分为头、胸、腹三个体段，所以它们不是昆虫。

蝎子

蜘蛛

蚊子

甲虫

蝗虫

蜻蜓

最早的飞行家

昆虫是地球上最早开始飞行的生物。正如这里所展示的,大多数昆虫都具有翅膀。翅膀不仅可以让它们摆脱不会飞的捕食者,还可以让它们四处飞行寻找食物。

你知道吗?

在地球上,几乎所有的生物栖息地内都可以发现昆虫的身影,但是至今还未在海洋中发现任何昆虫。

瓢虫

蝉

甲虫

甲虫占世界上所有动物种类的四分之一。甲虫属于鞘翅目，意为"剑鞘一般的翅膀"。它们具有两对翅，外面的一对翅为坚硬的外壳，称作鞘翅。鞘翅像一个保护鞘，叠于内侧的飞行翅之上。

以粪为食

许多甲虫是食腐动物，以死亡的动植物和其他废物为食。蜣螂以其他动物的粪便为食。它们的存在，清除了大量无用的垃圾。

食蜂郭公虫

非洲宝石甲虫

南美天牛

甲虫大游行

各种不同大小、不同形状、不同色彩的甲虫们来啦！甲虫越小，就能钻进越小的洞穴中。甲虫的色彩可用于伪装，所以甲虫的栖息地不同，它们的色彩也相应地多种多样。

隐翅虫

1.粪球

雌性蜣螂在一个大粪球中产下一粒卵。雄性蜣螂滚动粪球，而雌性蜣螂站在粪球上，一同抵达它们挖好的地洞中。

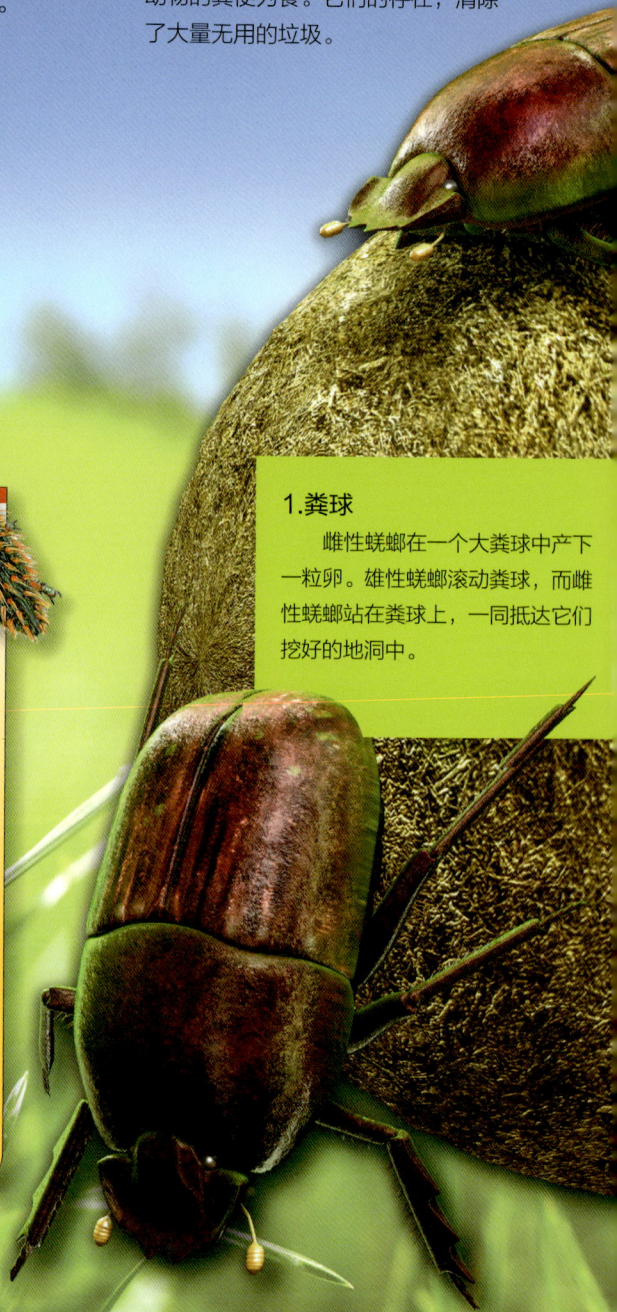

5.新的一代

成年蜣螂以液态粪便为食，直到它们找到配偶并且滚出自己的粪球。然后它们就可以孕育下一代了。

4.成虫出现

这种变为成虫的过程叫做"变态"。一旦变为成虫，它们就会边吃边挖，开辟出一条出去的路，离开粪球飞走。

2.幼虫的进食

粪球里，身体柔软的幼虫从卵中孵化。紧接着，它开始吃起自己出生地方周围的粪球。

3.蛹期

当幼虫吃了足够的粪变得完全成熟后，它就会发育为一个坚硬的蛹，然后变为成年甲虫。

一只雄性蜣螂可以滚动重量是自己体重1000倍的粪球。

蚊蝇

在12万种蚊蝇类昆虫中，包括了普通的家蝇、蚊子、蚋虫和果蝇等。大部分的蚊蝇类昆虫具有一对前翅和一对被称为"平衡棒"的小突起或小棒。平衡棒与翅膀同时振动，帮助蚊蝇在飞行中保持平衡。一些蚊蝇没有翅膀，不能飞行。

苍蝇的足

在普通家蝇的每只足末端，都有两只爪子和一个黏性爪垫。这使苍蝇可以倒垂着爬过天花板。

蜻蜓（dragonfly）不属于蚊蝇（fly）

虽然蜻蜓和蚊蝇的英文名字中都带有"fly"，但并不是所有名字中带有"fly"的昆虫都属于蚊蝇一类。蜻蜓属于昆虫家族中的另一种类，因为它们拥有两对翅膀而不是一对。它们的前翅与后翅以不同的速率振动，在静息时也不收起。

无翅雪大蚊的栖息地太冷，翅肌难以工作，所以它们并没有翅膀，而是靠爬行和跳跃来移动。

疾病携带者

非洲的舌蝇只以大型哺乳动物（包括人类）的血为食。它们会传播锥虫病，或称为昏睡病。在大多数吸血蚊蝇中，只有雌性吸血。而舌蝇无论雌雄都以吸血为生。

吸血前

通过唾液传播疾病

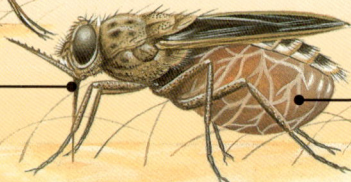

吸血后肿胀的腹部

具有4 000
眼的复眼。

翅膀折叠
在背后。

可以伸缩的喙。

腿部有很
多关节。

前足可以品
尝食物的味道。

液体食物

苍蝇用它的喙舐吸
液体食物。首先，它必
须将固体的食物变成液
休——将唾液吐在食物
上，使食物液化为糊状！

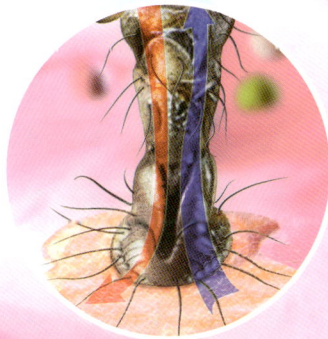

普通家蝇

普通家蝇只吃液体类食物。
它的口器是一根长长的管子，被
称为"喙"。喙在家蝇进食的时
候从头部伸出，进食结束后又缩
回头部。

相钩连的翅膀

敏感的绒毛

大脑

蜜蜂的内部结构

蜜蜂具有吸收食物的消化系统，呼吸系统和连接大脑的神经系统。两对翅钩连在一起，喙可以插入花朵深处吸取花蜜。

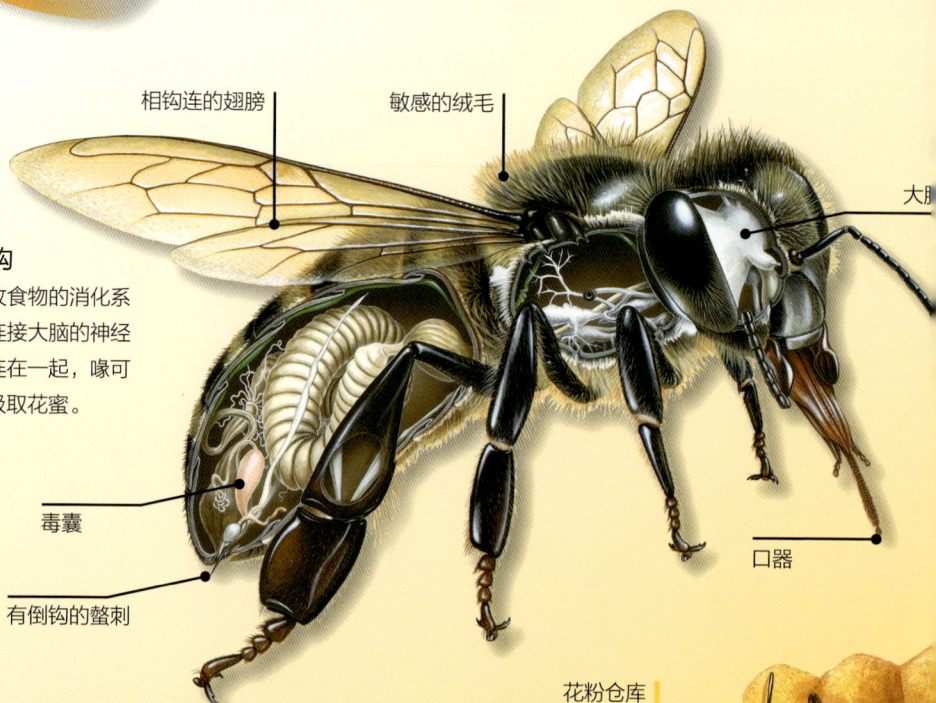

毒囊

口器

有倒钩的螯刺

蜜蜂和黄蜂

蜜蜂和黄蜂属于膜翅目昆虫，"膜翅"意为"像薄膜一样的翅膀"，它们因有两对透明的翅膀而得此名。蜜蜂和黄蜂是植物的主要传粉昆虫。仅有个别种类蜜蜂和黄蜂是独居的，其他蜂类都生活在一个高度组织化的"社会"中，每一个个体都有自己的任务和自己或高或低的地位。

花粉仓库

雄蜂

空蜂房

王台

雄蜂房

打开的幼虫蜂房

蜂箱内部

蜂后的寿命长达5年，其所有的卵都产在蜂箱之中。工蜂喂养蜂后和幼虫，维护蜡质的蜂房，在几周后死亡。雄蜂负责与蜂后交配。

能蜇几次人

　　蜜蜂（左图）一生只能蜇一次人，之后它带钩的螯刺和一些为脏器官会留下来，蜜蜂就会死亡。而黄蜂（右图）蜇人后可以收回它平滑的尾刺然后飞走，继续一次又一次地蜇人。

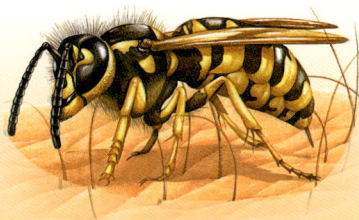

泥蜂

　　雌性泥蜂会用螯刺将昆虫麻痹，再把麻痹的昆虫与自己的卵放在一起。从卵中孵化的幼虫以麻痹的活的昆虫为食。

蜂蜜仓库

花蜜仓库

蜂后

工蜂

蝴蝶与蛾

蝴蝶与蛾属于鳞翅目昆虫，意为"具有鳞片的翅膀"。它们的两对翅上覆盖着数百万个微小的重叠的鳞片。日光下，蝴蝶和白天活动的蛾子其鳞片呈现鲜艳的色彩。夜间活动的蛾子通常为褐色或灰色。

1.卵

雌性蝴蝶将卵产在树叶上，树叶将会成为幼虫的食物。

2.幼虫

一只毛毛虫从卵中孵化出来。它不停地吃，每长大一点就蜕一次皮。

3.蛹

幼虫用黏性的丝结成一个茧。蛹可以在茧中发育。

形态的改变

"变态"是指昆虫改变形态的过程。许多昆虫在生命周期中都要经历这一阶段。一只蝴蝶的生命周期分为四个阶段：卵，幼虫，蛹，成年蝴蝶。

茧

根据种类不同，茧有柔软的，也有坚硬的；有透明的，也有不透明的；有色彩鲜艳的，也有色彩暗淡的。幼虫会将茧藏在树叶下面或者缝隙中，有时会在茧上加一些细树枝作为伪装。

印度枯叶蝶

大白斑蝶

黄菲粉蝶

一些毛毛虫将自己的毒毛编织进茧里。触碰这些毒毛会使捕食者发痒，从而避免了虫茧被吞食。

4.成年蝴蝶
几周之后，一只成虫破茧而出。

5.新的周期
成年蝴蝶飞起寻找自己的配偶，生命周期再度循环。

这是蛾，而不是蝶
与蝴蝶相比，蛾子通常更胖，身体上的绒毛更多。这是因为蛾子多数在夜间活动，需要在凉爽的夜晚保持体温。蛾子有羽毛状的触角，而蝴蝶的触角十分纤细。

蝽和其他昆虫

蝽 具有一个可以刺吸的口器。很多蝽最喜欢的食物是植物的汁液，所以农民和园丁们通常认为它们是害虫。但有些蝽更喜欢吃别的昆虫或是吸取别的动物的血液。所有的蝽都经历一种较简单的"不完全变态"，从卵发育至若虫，再到成虫。若虫就是还未成熟的蝽。一些蝽的若虫看上去就像较小且没有翅膀的成虫。

网蝽

网蝽个头很小，具有像蕾丝一样的翅膀。网蝽的一生都待在同一株植物上。它将口器从植物叶子的下面刺入，吸取汁液。

螳螂

螳螂以昆虫为食，甚至也吃其他螳螂。在等待猎物（如蛾子）时，它举起前足一动不动，就像在祈祷一样。

沫蝉

沫蝉得名于其若虫在自己身体周围分泌的一大堆泡沫，这些泡沫可以使它的身体不变干。

花生头提灯虫

这种昆虫的头部看上去像一个花生，而且还会发光。它吃含有毒素的叶子。在遇到危险时，它会将这些毒素喷向攻击者。

黄角蝉

角蝉是一种体型小、会跳跃的昆虫，吸食树枝和嫩芽的汁液。它们有一块像盾牌一样的板子，称作前胸背板，覆盖住它们的头部和背部。

露盾角蝉

角蝉有时被称为"刺虫"。角蝉上的角看上去就像棘刺一样，可以避免猎食者的侵袭。

小丑蝽

这种蝽以花蜜为食，红黑相间的身体会让猎食者避之不及。这是因为动物界中，明亮的色彩通常意味着难吃的味道。

棉红蝽

一些棉红蝽以棉桃为食。它们的口器刺入棉花时，流出的汁液会将洁白的棉铃染上明亮的黄渍，棉花就失去了使用价值。

水生昆虫

约有97%的昆虫种类是陆生的，即生活在陆地上。但还有 3% 的昆虫种类是水生，或者至少生命中的一段时间生活在淡水里。其中一些昆虫生活在水面上，依旧可以呼吸氧气，而另一些则已适应了水下的生活。

氧气泡

龙虱将氧气装进它坚硬鞘翅下的气泡中。这样当它潜水时，它就有了自己的氧气供给。

在水下呼吸

昆虫必须呼吸氧气才能生存。但水生昆虫怎样在水下呼吸呢？潜水员会通过氧气罐或潜水通气管得到氧气，一些昆虫也使用相似的技术使自己可以在水下呼吸。

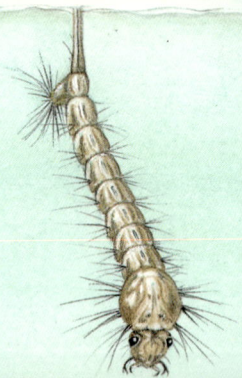

呼吸管

蚊子的幼虫被称做"孑孓"。孑孓的呼吸管和潜水员的潜水通气管作用类似。孑孓的身体在水下，而呼吸管却在水面上，从空气中给它们供应氧气。

蝌蚪

水蝎

在水中行动

水黾可以在水面上轻盈地漫步。稍重一些的划蝽用它健壮的足划水。水蝎把自己固定在水草上，以免被水冲走。

仰泳蝽

仰泳蝽也是一种蝽，长有一个尖利的喙。它在水下用后足仰泳，捕食其他的水生昆虫。

水黾

划蝽

蜜蜂幼虫

供给蜜蜂幼虫的食物源源不断，但是这些食物并不是它们的母亲——蜂后提供的，而是工蜂。幼虫们待在防水的蜡质蜂房里，直至它们变为成虫。

| 刚孵化的幼虫 | 营养充足的幼虫 | 蛹 | 即将羽化的成虫 |

生命周期

产卵之后，大部分昆虫并不照看卵的孵化。幸存的卵孵化成幼虫或若虫。幼虫需经历完全变态，即一种完全的改变。而若虫和成虫外形相似，只经历简单的不完全变态。

最后一次蜕皮

一只叶蝉正在蜕去因身体长得过大而不再适用的外骨骼。

蜕去外骨骼

拥有外骨骼的不便之处，就是坚硬的外骨骼会阻碍里面柔软身体的生长。所以当昆虫长得对于它们的外骨骼而言过大时，它们就会蜕去外骨骼。这个过程叫做蜕皮。昆虫的一生中要经历多次蜕皮。

蜂后除了产卵以外不做任何事。她一天可以产下 1 500 枚卵。

产卵

昆虫把它们的卵产在有食物供给的地方，这样孵化出的幼体可以获得它们所需要的食物。

成年叶蝉
发育完全的成年叶蝉不需要再蜕皮。

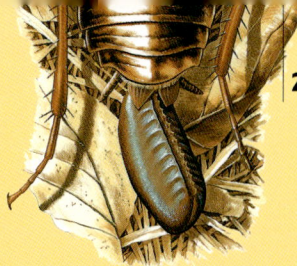

蜜蜂卵

每枚蜜蜂卵都有自己的蜂房。工蜂以蜂王浆喂养它们。

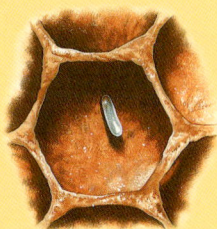

草蛉卵

草蛉将卵放置在一根长柄顶端。高高支起的目的是为了使卵远离那些小型捕食者。

蚊卵

蚊子将它们的卵产在水中。这些卵聚隼在一起漂浮，就像一个小小的木筏。

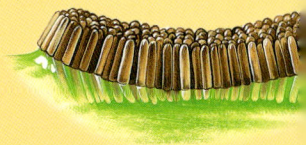

瓢虫卵

一只瓢虫可在一片叶子上产下多达15粒豆状胶质黄色小卵。

蟑螂卵

这只蟑螂产下多达40粒卵。卵被包在一个坚硬的卵荚中。

人虱

金龟子

帝王蛾

蝴蝶

蚊子

天牛

超级感官

些昆虫通过它们的触角或是体毛来听声音，另一些昆虫则在前足或腹部长有耳朵。许多昆虫长有复眼，即包括数百甚至数千个晶状体的眼睛。昆虫利用触须或它们口部和足部的特殊体毛去尝味。触角不仅仅具有听觉，也有嗅觉和触觉。

用途多样的触角

昆虫的两根触角可以探测到猎物或是配偶的气味。飞蛾的触角可以为它们在黑夜中导航。蚊子的触角可以感受到人体的温度和汗味。

突眼蝇

这种蝇类的眼睛长在长柄的末端，这样它们的视野要比眼睛长在头部两端的宽广。雄性突眼蝇互相比较眼柄的长度以测量对方的体型大小。

复眼

单眼

触角

蜻蜓的视觉

　　蜻蜓有一对复眼，其中每只复眼包括了28 000个晶状体，同时蜻蜓头顶还长有3只小眼，被称为单眼。因为蜻蜓主要依靠其杰出的视力生活，所以它的触角很短。

昆虫眼中的花朵是什么样子

　　昆虫的眼睛可以看到一些颜色，但看不到所有的颜色。它们看不到这朵花黄色的花瓣，而只能看到降落的区域和有关花朵中心食物的细节。

人类眼中的花朵

昆虫眼中的花朵

四处活动

虽然很多昆虫会飞，但还有一些昆虫使用其他方法来四处活动。一些昆虫爬行。蚱蜢、蟋蟀、跳蚤及一些甲虫可以跳跃。丽蝇的幼虫没有足和翅膀，所以它们蠕动。水生昆虫游泳，"划船"，或在水面上行走。

黄蜂相钩连的翅膀

昆虫的翅膀

飞行的昆虫有一对或两对翅。一些特殊的种类，如家蝇，生有一对翅和被称为"平衡棒"的第二对翅的残留物。

家蝇的翅膀和平衡棒

使用六只足

拥有三对足的昆虫在爬行或奔跑的时候呈"之"字形运动。它们一次移动三只足，包括身体一侧的两只足和另一侧的一只足。

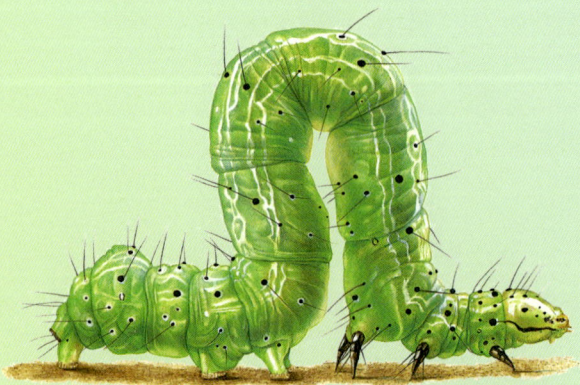

蜻蜓的两对翅膀

1.静息

停在树叶上的时候，这只瓢虫看上去没有翅膀。

尺蠖毛虫

这些毛虫身体前端有足，身体后端有腹足（不是真正的足）。它们用前面的足抓紧地面，将身体后端向前拉，形成一个弓形，之后再使前足向前舒展。

昆虫的飞行

飞行的昆虫依靠自己大部分的感官来帮助它们飞行。它们运用多种器官——触角、单眼、体毛和翅膀——去感知空气的流动、自己的位置和飞行速度。

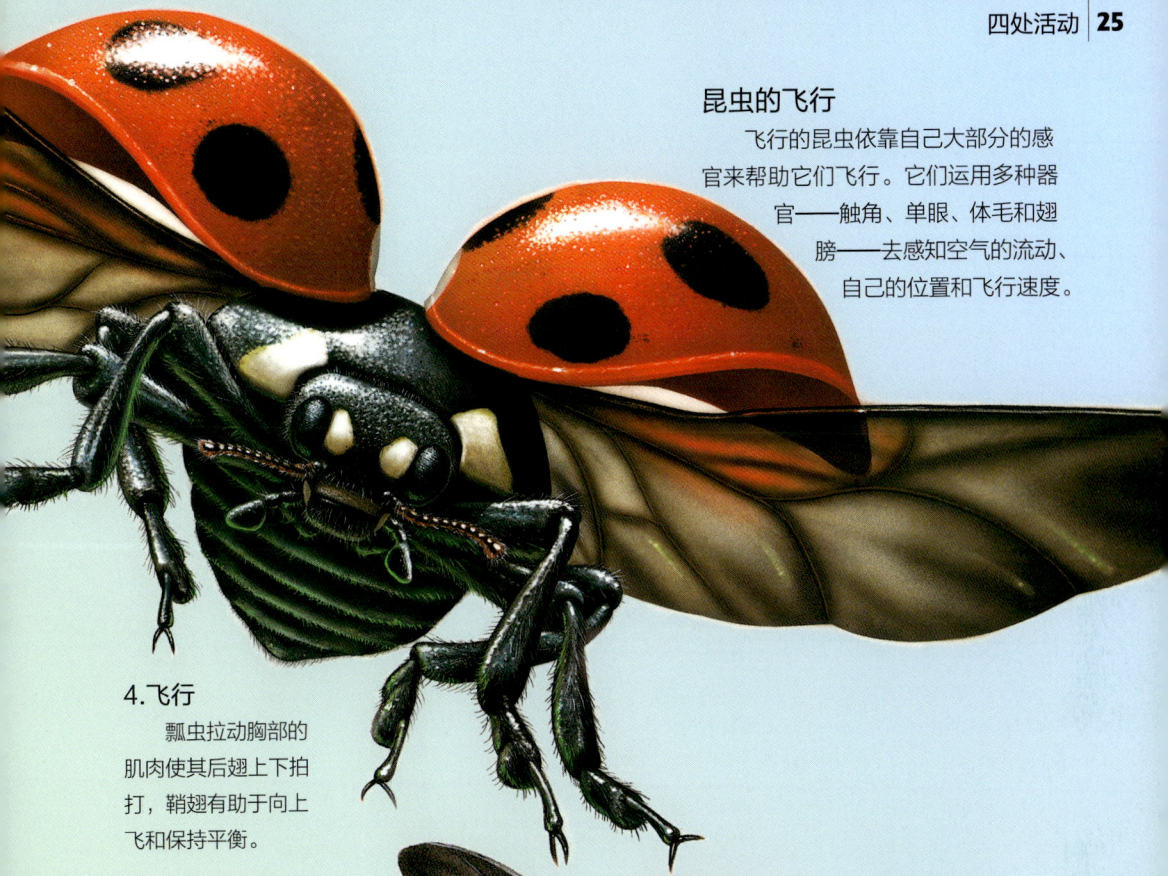

4.飞行

瓢虫拉动胸部的肌肉使其后翅上下拍打，鞘翅有助于向上飞和保持平衡。

3.隐藏的翅膀

当鞘翅全部打开时，后翅从里面伸展出来。后翅持续振动，直至达到适合起飞的速度。

2.打开翅膀

这只瓢虫打开它的前翅鞘，准备起飞。坚硬的翅鞘使瓢虫呈圆拱形。

攻击与防御

昆虫具有不同的生存方法。有些昆虫利用自身具有的武器攻击敌人，有些则进行团体合作，比如行军蚁。在防御方面，昆虫有三种选择：挺身奋战；飞走或躲藏在小缝隙中，使大的猎食者捉不到它们；用伪装使自己不被发现。

融入环境

一些昆虫伪装得非常好，使得发现它们几乎是不可能的。因为昆虫要花很长时间在植物中生活，所以进行伪装使自己看上去是植物的一部分是最佳的选择。

螽斯

兰花螳螂

竹节虫

真或假

一些昆虫将螯刺、触角、尖钉、毒液、喷雾器或者难闻的味道作为武器。而另一些昆虫没有与捕食者对抗的方法，它们利用假冒的警戒色和假眼，使自己看上去很危险。

长戟大兜虫

雄性长戟大兜虫有两只非常尖锐的长角。它们通常用它与其他雄性争斗。胜者将赢得与雌性交配的权力。

投弹手甲虫

在攻击或防御时，投弹手甲虫将化学物质分泌到腹部一个特殊的小囊中，然后从这里喷射出炙热的酸雾。它的准确率非常高。

蚕蛾

这种蛾的色彩可与树木融为一体，如果这种伪装没有迷惑住鸟类捕食者，它就会伸展双翅，露出巨大的像猫头鹰眼睛一样的花纹吓退鸟儿。

巨沙螽（zhōng）

巨沙螽和小鼠差不多大，是体重最重的昆虫之一。如果它的体型没有吓退捕食者，它就会扬起强壮多刺的后足。

？由你决定

些昆虫为花草树木和庄稼传粉，并为它们提供养料，甚至吃其他有害的昆虫。它们也是食物链中重要的一环。然而，昆虫的叮咬也能造成伤害甚至死亡。一些昆虫传播细菌、病毒和寄生虫。那么，世界上的昆虫们到底是我们的朋友，还是敌人呢？由你来决定。

食物链

昆虫以植物为食，转而，它又被食物链上层的更大的动物捕食。如果食物链中没有昆虫这一重要环节，大一些的动物就会挨饿。

鹰

被吃掉

蜥蜴

被吃掉

蚂蚁

被吃掉

植物

授粉媒介

许多昆虫——不仅仅是蜜蜂，还有蝴蝶、蛾子、蚊蝇和甲虫——通过将花粉从植物的雄株带到雌株，为开花植物授粉。没有昆虫，包括果树在内的许多植物就会绝种。

清道夫

昆虫可以将枯木、树叶、动物的粪便和尸体等有机物质进行降解，循环。这为土壤提供了养分并且清洁了地面，使新生的植物可以茁壮成长。

蝗群

　　飞蝗，是蝗虫的一种，通常为独居。但是也常常聚集成蝗群，数量多达几十亿只，飞向空中，寻找庄稼并在几小时内将它们吃光。

疟疾

　　通过蚊子传播的疟疾每年感染2.47亿人，并导致150万人死亡。蚊子吸食疟疾病人的血液时，也会将疟疾的寄生虫一起吸入，然后将寄生虫传递到下一个被叮咬的人身上。

危害健康

　　蟑螂是一种食腐昆虫。在所有蟑螂种类中只有百分之一会侵入到我们的房间内，并有可能在从腐烂的垃圾爬到食物上的过程中传播细菌。但大多数蟑螂是在户外对生物遗骸进行循环利用的。

昆虫档案

昆虫共有 949 个科。它们有一些普遍的特征，但也在大小、体型、速度、寿命及发出的声音方面有很多不同之处。

这里有些有关昆虫的有趣事实：

1 跑得最快的昆虫：澳大利亚虎甲。

2 飞得最快的昆虫：谷实夜蛾。

3 最大的昆虫：各种巨型金龟子（大角金龟、帝王大角金龟或毛象大兜）。

4 最长的昆虫：巨型竹节虫。

5 翼展最大的鳞翅目昆虫：强喙夜蛾。

6 生命周期最长的昆虫：赤缘绿吉丁虫。

7 发声最响的昆虫：非洲蝉。

8 毒液最毒的昆虫：收获蚁。

谷实夜蛾

巨型竹节虫

强喙夜蛾

非洲蝉

收获蚁

知识拓展

腹部 (abdomen)

昆虫身体的第三部分，也是靠后一部分，腹部中包含内脏。

触角 (antennae)

昆虫头部上的两根"探测器"。触角是昆虫触觉、味觉和嗅觉的感觉器官。

伪装 (camouflage)

昆虫在栖息地中用于隐藏或伪装自己的特殊的外表、颜色和形状。

茧 (cocoon)

一种昆虫幼虫在自己身体周围做成的保护壳，用于保护里面的蛹。

复眼 (compound eye)

具有许多个（通常为数千个）晶状体的眼睛。

昼行性 (diurnal)

指昆虫或其他动物在白天活动的习性。

鞘翅 (elytra)

指甲虫坚硬的前翅，鞘翅叠在用于飞行的后翅上，起保护作用。

外骨骼 (exoskeleton)

支撑昆虫身体的坚硬的外部骨骼。外骨骼可以在其内部柔软的身体长大时蜕去。

食物链 (food chain)

指在一个生物群落中，活的植物和动物会被其他位于食物链上层的生物吃掉。

平衡棒(haltere)

一种由后翅变化而来的突起或小棒。平衡棒可以帮助昆虫平稳飞行。

幼虫 (larva)

昆虫从卵里孵化后的幼年形态。幼虫看上去不像成虫。

变态 (metamorphosis)

指幼虫变为成虫所必须经过的体型的完全改变。毛虫通过"变态"变为蝴蝶或蛾子。

蜕皮 (molt)

蜕去因为太小而阻碍了其内部身体继续生长的外骨骼。

若虫 (nymph)

昆虫从卵中孵化后的早期发育阶段。若虫看上去就像一只较小的没有翅膀的成虫。

单眼 (ocelli)

一些昆虫在头顶或者头部两侧额外生长的只有一个晶状体的眼睛。

触须 (palpi)

感觉器官，形似触角或绒毛，生长在昆虫的嘴部周围，用于尝味和进食。

授粉 (pollinate)

将花粉从植物的雄性生殖细胞传递给雌性生殖细胞。

喙 (proboscis)

一些昆虫从头部伸出的中空的口器。喙可以像吸管一样吸取液体的食物。

腹足 (proleg)

在一些昆虫幼虫腹部的粗壮假足。

前胸背板 (pronotum)

指一些昆虫前胸延伸出去横过背部，形似一块板或马鞍的顶面。

蛹 (pupa)

昆虫从幼虫到成虫之间的变态阶段。在羽化为成虫之前，蛹都留在茧里。

食腐昆虫 (scavenger)

以死去的动植物和动物粪便为食的昆虫。

胸部 (thorax)

昆虫身体的中间部分。昆虫的翅和足长在胸部。

探索·科学百科™

Discovery EDUCATION™

世界科普百科类图文书领域最高专业技术质量的代表作
小学《科学》课拓展阅读辅助教材

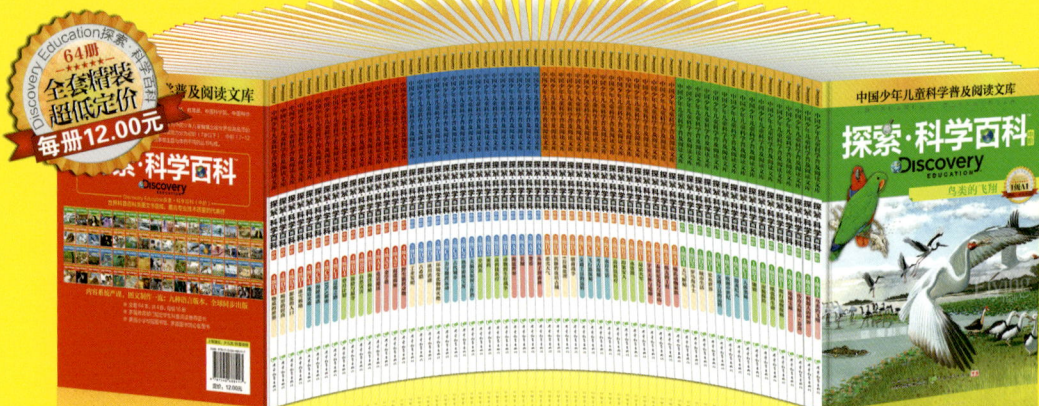

64册
全套精装
超低定价
每册12.00元

Discovery Education探索·科学百科（中阶）丛书，是7~12岁小读者适读的科普百科图文类图书，分为4级，每级16册，共64册。内容涵盖自然科学、社会科学、科学技术、人文历史等主题门类，每册为一个独立的内容主题。

Discovery Education
探索·科学百科（中阶）
1级套装（16册）
定价：192.00元

Discovery Education
探索·科学百科（中阶）
2级套装（16册）
定价：192.00元

Discovery Education
探索·科学百科（中阶）
3级套装（16册）
定价：192.00元

Discovery Education
探索·科学百科（中阶）
4级套装（16册）
定价：192.00元

Discovery Education
探索·科学百科（中阶）
1级分级分卷套装（4册）（共4卷）
每卷套装定价：48.00元

Discovery Education
探索·科学百科（中阶）
2级分级分卷套装（4册）（共4卷）
每卷套装定价：48.00元

Discovery Education
探索·科学百科（中阶）
3级分级分卷套装（4册）（共4卷）
每卷套装定价：48.00元

Discovery Education
探索·科学百科（中阶）
4级分级分卷套装（4册）（共4卷）
每卷套装定价：48.00元